The Road To The Earth Village

『地球村』とは

もう一つの未来

高木善之

『地球村』出版

はじめに

この本は、以前から『地球村』の仲間から「書いて、書いて」とせかされていました。私もいろんな折りに、「きっかけは?」「特徴は?」「活動は?」「ビジョンは?」などについて聞かれます。もちろん、その都度、できるだけお答えするのですが、言い落とすこともありますし、相手の方も聞き落としや勘違いもあり得ます。そんな時いつも、(ああ、かんたんにまとめた小冊子があればなあ! 早く書かなくちゃ!)と痛感していました。

それをついに書くことができたのです!

本当に長い間の宿題がやっとできた、という気持ちです!

本当にうれしいです! 待ちにまった出産のようです!

この一冊で、『地球村』のことが分かります!

「きっかけ」「特徴」「活動」「ビジョン」はもちろん、その他大事なことをほとんど網羅しました。かんたんに読めるように小冊子にしましたので、わかりやすくかんたんに書きましたが、大切な部分、どうしても知っていただきたい部分はていねいに書きました。

ですから、「ていねいすぎてじれったい」と思われた部分は、とても大切で省略できない部分であり、「かんたんすぎてもっと知りたい」と思われた部分は、小冊子ではこれ以上は書けない、書き尽くせないから別の本で詳しく読んでほしい、という部分だと思います。


この本は、『地球村』に関心ある方すべてに読んでいただきたいのですが、実は、『地球村』を知らない方にも、「世界のこと」「未来のこと」、そして「生きる意味」の発見のために、ぜひ読んでいただきたいと願っています。

そのことに賛同いただいたなら、ぜひ、あなたの大切な方々に、この本をプレゼントしてください。

長年の願いであったこの本を、そんな思いで書かせていただきました。

よろしくお願いします。

高木　善之

C O N T E N T S

きっかけ

「高木さん、高木さん、聞こえますか。わかりますか、高木さん、高木さん」

遠くで誰かが呼んでいる……。

全身激痛!! 身体が動かない!! なにごとだろう??

酸素マスク!! 腕には点滴!! 心電図とオシロスコープ(脈拍、血圧モニターなど)まで!! ……。

ここはどこ?? 私はだれ??

…………

私が目を覚ましたのは大学病院のICU(集中治療室)だった。

激痛の中で、だんだんと記憶がよみがえってきた。

交通事故に遭い、多くの骨折と重傷、意識不明の重体で救急病院に運ばれ、生死の境をさまよっていたのだった。

医師からは、「生きているだけでも運が良かった」と言われ、「社会復帰は困難。車いす生活を覚悟し、家も車いすに合わせて改造した方がいい」などのアドバイスがあった。

会社ではやりがいのある研究をし、合唱団では指揮者としてやりがいのある活動をし、家庭では2人目の子どもが生まれて幸せだった日々が突然、根こそぎひっくり返ってしまったのだ。「これは悪夢だ！　現実のはずがない！」と思う毎日だった……。

★危機を脱する

だんだんと激痛がおさまり、だんだんと混乱がおさまり、覚悟ができてくると、考えることがたくさん出てくる。

これから、自分はどうなるのだろう？　自分は死んでしまうのだろうか。

考え始めると、一度にいろんな疑問や恐怖が襲ってきて押しつぶされそうになる。だから、ブレーキをかけながら、おそるおそる考えてみる。

当たり障りのないことを考えてみる。

家族や、職場の仲間や合唱団のメンバーも毎日、お見舞いと励ましに来てくれ、その時間は、自分のことを考えないで済む。その時間は、私も相手も気を使い、深刻な話題にならないようにわざと明るく冗談を言う。そして、夜になって1人になると、ブレーキを踏みながら少しずつ自問自答を繰り返した。

★シャドーとの対話

こうしてこれからどうすればいいか、寝たきりで途方に暮れていた時、人生を大きく変えることが始まった。それはこんなふうに始まった。（S：シャドー）

S　何を考えているんだい。

私　君は誰？

S　誰だと思う？

私　わからないから聞いているんだ。

S　そのうちわかるよ。

自分の中からの声だから、まったくの他人ではない。かといって自分でもない。

S　何を考えているんだい？

私　これからどうすればいいかと……。

S　なぜ？

私　すべてを失って、社会復帰もできないと言われて……。

S　すべてを失ったって？

私　会社にも行けない、仕事もできない、音楽も、生活も……。

S　できないことを考えるより、できることを考えたら？

私　何ができるというんだい？

S　何ができると思う？

こんなふうに、奇妙な対話が始まった。
私は、私に問いかけるその存在をシャドー（自分の影）と呼ぶようになった。
シャドーとの対話は、これまでのどんな対話とも違っていた。

質問ばかりする。おまけに、質問は当たり前のことばかり。
はじめは、腹が立ったり、あきれたりしたが、シャドーは飽きもせずに質問する。
私が腹を立てて相手をしなければ、彼もいなくなる。
私が考え始めると、彼はやってきて、やがて対話を始める。
私もだんだん彼のペースに慣れて、彼と対話できるようになった。
その対話は、驚くような発見に満ちていた。
その一例をできるだけ簡単に書いてみる。

S　何が不安？
私　社会復帰できないと、どうすればいいんだ！
S　どうすればいいと思う？
私　わからないんだよ！
S　何が不安？
私　人を馬鹿にしているのか！
S　馬鹿になんかしていないよ。

私　前と同じ生活ができないんだよ！

S　同じ生活ができなければ、違う生活をすれば？

私　同じ生活がしたいんだよ！

S　じゃあ、同じ生活ができるようにすれば？

私　医者が無理だって言ったんだ！

S　医者が無理だと言ったら無理なの？

私　医者が言ったら無理に決まってるじゃないか！

S　だったらあきらめたら？

私　あきらめられないから悩んでいるんじゃないか！

S　だったらあきらめなかったら？

私　どういうこと？

S　自分のことは自分が決めればいいんだよ。

私　じゃあ、可能性があるの？

S　どう思う？

私　社会復帰できるの？

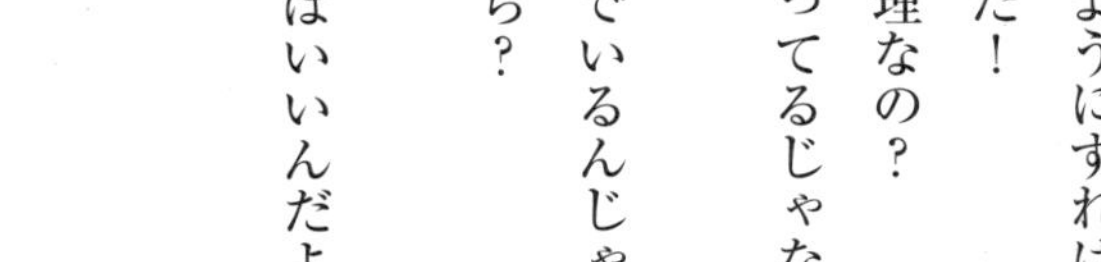

S　どう思う？
私　そんなの無理だよ！
S　じゃあ、社会復帰したくないんだね？
私　社会復帰したいよ。絶対にしたいよ。
S　だったらすれば？
私　社会復帰できるの？
S　できるよ。本気ならね。
私　絶対にしたいよ。本気だよ！
S　じゃあ、大丈夫。できるよ。

こんな簡単なことで、治ると信じたわけではないけれど、不思議なことに、シャドーと対話していると、だんだんと前向きになってくる。

✶ 絶対に治る！

医師は、たくさんのネガティブな診断をしました。

「頸の骨折は後遺症が残る」「手首の粉砕骨折でピアノは弾けない」
「骨盤骨折は後遺症が残る」「手足の骨折は後遺症が残る」
「骨頭壊死は90％以上の確率。その時は人工骨頭の移植が必要」
「基本的には車いす生活になるだろう」

しかし、シャドーと対話する中で、すべてを「治そう！ 治すんだ！ 治るんだ！」と確信するようになり、1年後それはすべて実現しました。

この回復は、ほとんど奇跡的でした。医師も看護師もそう言いました。でも、私自身は、ほとんど当たり前のように感じていました。

それは、シャドーとの対話によって自分の中の回復力がめざめ、増強したのだと思います。

その後も（この30年間）この回復力に大きく助けられてきました。

30年間、講演を一度も休まずに続けられたことや、大きな事故や故障（病気）も自信を持ってクリアできたことに感謝しています。

気づき

シャドーとの対話は、信じられないほど大きな気づきと大きな効果がありました。

私の一生を変えることになった発見や気づきについてポイントだけ書きます。

★生まれてきた意味

生まれてきた意味と目的は、幸せになること。

幸せを体験すること。幸せを広げていくこと。

★幸せとは

幸せとは、嬉しい気持ち、楽しい気持ち。

幸せには、「本当の幸せ」と「幸せのようなもの」がある。

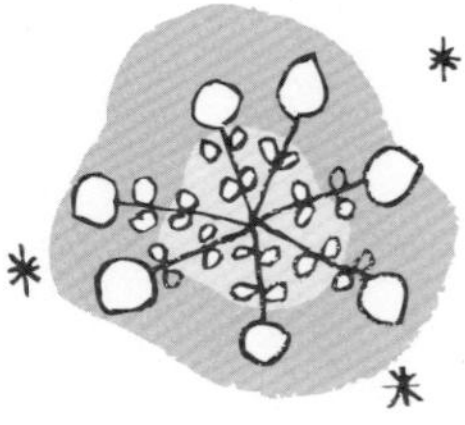

★ 幸せのようなもの

「幸せのようなもの」とは、初めはたしかに嬉しい気持ちや楽しい気持ちがあるのだが、時間とともに色褪《いろあ》せたり、比較によって価値が変わるもの。例えば、課長になるのは嬉しくても、万年課長なら哀れだし、豪邸も年数が経てばみすぼらしくなる。高級車を買ったつもりでも、周りがもっと高級車ばかりならどうだろう。立派な2階建を新築して満足していても、周りにもっと立派な3階建が建ち並ぶとどうだろう。学歴自慢でも、周りが超一流大学出身ばかりならどうだろう。

このように、「幸せのようなもの」とは、一時的な満足や、相対的なものなのです。

お金、地位、肩書、高級車、豪邸、ブランド品などは、より立派なものの前では色褪せるし、形あるものは、必ず消えていくのです。

そんなものを自慢にしていても、世間の「もの笑い」になるだけ。

「幸せのようなもの」を求めても幸せになれないのです。

★ 本当の幸せ

「本当の幸せ」は、色褪せず、比較する必要のないもの、誰にとっても価値が変わらないもの。平和、健康、希望、安心、感謝、愛、調和、バランスなど。

たくさんの人に愛され、感謝される生き方は、幸せな生き方といえるだろう。

それには、たくさんの人を愛し、たくさんの人に与えることなのだ。

その逆に、たくさんの人をだまし、たくさんの人から奪った人は、幸せとはいえない。

★ 「自分だけの幸せ」と「みんなの幸せ」

「幸せのようなもの」と「本当の幸せ」と似たものとして、「自分だけの幸せ」と「みんなの幸せ」がある。

「自分だけの幸せ」とは、自分だけが出世したり、金持ちになったり、自分だけが豪邸、高級車などを手に入れたりすること。

これらは、周りとの比較により価値が生まれるものだから「幸せのようなもの」

であり、「本当の幸せ」ではない。

それに対して、「みんなの幸せ」とは、平和、調和、バランス、永続などのように、自分だけではなく、みんながそうであるということだから、「本当の幸せ」なのだ。「みんなの幸せ」を求めれば幸せになれるが、「自分だけの幸せ」を求めれば、幸せにはなれない。「自分だけの幸せ」を追い求める人は、自分が幸せになれないだけではなく、周りを不幸にする。

★ 生きる意味、生きる目的

生きる意味、生きる目的は、幸せになること。
しかし、自分だけ幸せになることはできない。
なぜなら、自分はみんなとつながっているから。
「みんなの幸せ」は「自分の幸せ」につながっているけれど、
「自分だけの幸せ」は「みんなの幸せ」につながっていないから。
「自分だけの幸せ」は、「みんなの幸せ」に反するから。
みんなが幸せでなければ、自分も幸せになれない。

★ ワンネス

みんなつながっている。
つながっているから、自分だけ幸せになることはできない。
つながっているから、みんなが幸せになるか、みんなが不幸になるかなのだ。
「みんながつながっている」というのは詩的表現でも哲学的表現でもなく、事実なのだ。

私たちは水や空気や食べ物が無ければ生きていけない。それには、きれいな土が必要だし、無数の微生物が必要だし、野菜や魚や動物も必要だし、生態系全体が健全でなければ生きられないのだ。

私たちは1人では生きられない。人類は人類だけでは生きられない。地球全体の自然環境、地球全体の生態系の健康がなければ、人類も、あらゆる生物種も存続できないのだ。

私たちは意識しようとできなかろうと、事実、無数の生き物、無数の存在に支えられて生きているのだ。

この状態、すべてがつながっているということを表す素晴らしい言葉がある。

それはワンネス!

一つであること。すべてが一つ。それを意味する言葉だ。

私たちは自然の一部であり、地球の一部であり、地球家族なのだ。

例えば……

★ あなたの親は、先祖は

あなたの血のつながりを考えてみよう。

親は2人、祖父母は4人、曾祖父母は8人、これをさらにたどると十世代(約二百年)で約千人とつながっています。二十世代(約四百年)で約百万人とつながっています。三十世代(約六百年)で十億人とつながっています。

六百年前といえば室町時代だが、あなたの直接血がつながった親(直系)は十億人いたのだ。ただし、その時代の世界人口は五億人で、十億人に満たない。

ということはどういうことだろう。

すべての人は血がつながっているのではないだろうか。

このことをじっくり考えてみてください。

★争いもない、対立もない

私たちは、みんな血がつながった親戚だということになります。

「人類みな兄弟」という言葉があるが、それは事実なのです。

DNAレベルでは、人間とサル、チンパンジー、ゴリラは99%同じ。

人間とネズミでさえも、90%以上同じだといいます。

「人類みな兄弟」どころではなく、「地球生物みな地球家族」なのです。

私たちは、みんなつながっています。みんな一つにつながっているのです。

そのこと(ワンネス)が本当にわかったならば、争ったり、戦ったり、対立することもありません。奪い合うことも、憎み合うことも起こりません。みんな兄弟です。


右手と左手が競争したり、戦ったりすることなどないし、目が耳を「お前は見えない」とバカにしたり、耳が口を「お前は食べられていいなあ」と羨ましがったりすることもないだろう。

24時間休まず動いている心臓が、「俺はこんなに働いているのに」と休んでいる器官に腹を立てたりすることもないだろう。

それなのに、国境をめぐって戦争をするのは、国家教育があるから。

お金をめぐって殺し合いが起こるのは、経済教育があるから。

学歴や職業や人種などの差別をするのは、学校教育があるから。

平和を説いている者たちが宗教戦争をするのは、宗教教育があるから。

人は、間違った教育を受けなければ愚かなことをすることはできない。

人は、長年の経験と知恵をＤＮＡに蓄えていて、それを使えば、間違ったことはしないはずです。

★自然から学ぶ

現代の社会は、環境破壊、人口増大、資源の枯渇、貧富の差、戦争など多くの問題があります。しかし、人類が頭を悩ませているそれらの問題は、自然界には存在するのだろうか。

今、人類が抱えている大きな問題は、自然界にないものばかりではないだろうか。

それは、人類が作った不自然な社会が生み出した問題だからなのです。

私たちは、不自然な技術、不自然な生活、不自然な社会を文明と呼んでいるのではないだろうか。私たちは、不自然なことを便利快適、進歩、開発、文明と呼んでいるのではないだろうか。

私たちは不自然な社会を作って暮らす人間を文明人と呼び、自然の中で暮らす人間を野蛮人と呼ぶこともあるが、自然を破壊し、環境を破壊し、滅びようとしているのは文明人と野蛮人のどちらだろうか。はたしてどちらが野蛮人で、どちらが文明人だろうか。

私たちは、自然の中で暮らす人々に私たちの不自然な生活を教えればいいのか、彼らから自然の中で暮らす知恵を学ぶべきなのか、どちらだろう。

以上は、シャドーとの対話で気づいた多くの気づきのほんの一部です。

これら大きな気づきと発見は、大きなショックと感動の連続でした。

決意

★幸せってかんたん！

「幸せのようなもの」や「自分だけの幸せ」を求めるから、不幸になります。「あれがない、これがない。あれができない、これができない」などと、自分にないものや、できないことを大げさに考えるから不幸になるのです。

逆に、「これもある、あれもある。こんなこともできる、あんなこともできる」と、あるものやできることに気づくだけで、すぐにでも幸せになれるのです。

目が見えて、音を聴くことができて、食べることができて、息ができて、歩くことができて、話すことができて、生きていることが、いかに素晴らしいことか、いかに奇跡的なことなのか、それがわかれば誰だって一瞬にして幸せになれます。

思わず、叫びだし、踊りだし、歌いだしたくなるでしょう！

★「みんなの幸せ」こそ本当の幸せ

そうだ、そうなんだ！　幸せってかんたんなんだ！
「自分だけの幸せ」や「幸せのようなもの」を求めるから幸せになれないのだ。
間違ったものを求めるから戦争が起こり、環境破壊が起こるのだ。
富や名声を求めるから、争いや戦いが起こる。
経済優先自体が間違っている。
この社会の仕組み自体が間違っている。
「みんなの幸せ」こそ「本当の幸せ」なのだ。

★本当の幸せは自然の中に

不自然な社会には本当の幸せはない！
自然の中にこそ、本当の幸せはある！
自然の中には、生きるために必要なものはすべてある！
自然から学ぼう！

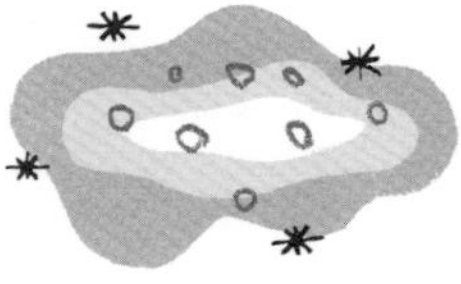

★ 幸せを伝えよう！

これらの真実は、本当にわかれば行動せずにはいられなくなる！
わかれば変わる！　わかれば動く！
わかれば黙っていられない！
私は、みんなに幸せになれることを伝えよう！
争ったり、競争したりする必要が無いことを伝えよう！
みんな一つだということを伝えよう！
ワンネスを伝えよう！
みんなの幸せを伝えよう！

こうして、私の生きる方向が決まりました。
ここに至るまでには、多くの自問自答と多くの葛藤がありました。
どれだけの時間をかけただろう。
それは一度決めたからOKというものではなく、何度も何度も繰り返し考え、確かめ、検証しました。この30年間、ずっと同じことを考え続けてきました。
もう一度、大切なことをまとめてみましょう。

★ 生きる目的

幸せになること。
幸せを味わうこと。
幸せを広げること。

★ 幸せとは

みんなとつながること。
すべてが一つになること。
みんなの幸せを実現すること。

★ 幸せのようなもの

幸せには、本当の幸せと、幸せのようなものがある。

幸せのようなものは一見幸せに見えるが、だんだん色褪せてしまう。だから常に「もっともっと」とより多くの努力と犠牲が求められ、最後は破滅してしまう。麻薬中毒と同じなのだ。

★もともとみんな幸せ

もともとみんな幸せなのだ。生まれてきたこと自体、奇跡的な幸せ！生きていられること自体、すごいラッキー！

目が見え、音が聴こえ、息ができ、食べることができ、歩くことができ、考えることができることだけで、素晴らしいこと！

★なぜ幸せになれないか

幸せになれないのは、自分が幸せであることを忘れていることと、間違った「幸せ」を追い求めているから。「自分だけの幸せ」や「幸せのようなもの」を求めるから。人と比較したり、競争したり、争うから。

自分がこの世でたった一人の奇跡的な存在であることを忘れているから。

奇跡的な自分と奇跡的なみんながつながって、ひとつの家族として、この地球に存在していることを忘れているから。

みんなが家族なのに、そのことを忘れているから。

★いい悪いはない

物事には、いい悪いはない。ただ、事実があり、現象があるだけ。
いい悪いや、きれい汚いという形容詞は主観によって変わる。
自然界には、いい悪いはない。
自然界には、きれい、汚いもない。
いい悪いがないということは善悪もない。
善悪がないということは天国も地獄もない。
みんな、一つにつながっている。
みんな、ワンネスなのだ。

『地球村』とは

地球と仲良く暮らす社会という意味です。

社会規模は小さい方がいいという意味で『地球村』としました。

私がこれをイメージしたのは、交通事故で入院していた頃（1981年）でしたが、今では世の中でも「環境調和社会」「永続可能な社会」「エコビレッジ」といった表現が使われるようになり、『地球村』も理解されやすくなりました。

その他にも、パーマカルチャー、農的生活、コミュニティ（共同体）などもありますが、環境や農業などのイメージが強く、私は心の面を重視しています。

そこに暮らすみんなが、家族（地球家族）として、助け合って、分かち合って暮らすことのできる社会で、環境以上に「みんなが幸せ」であることが大切です。

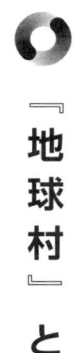

★イメージ

『地球村』は自給自足社会だから、農的な社会、低消費社会、低エネルギー社会、資源循環型社会なのです。

エネルギーは自然エネルギー。発電コスト、発電時間、発電寿命に優れた小水力、地熱、風力、そして里山の木材燃料による炭素循環型社会です。

小規模な社会では、毎日、多くの人が長距離を移動する必要がないから、徒歩、自転車、巡回バス程度の公共交通で十分です。

『地球村』の大きな特徴は、そこに暮らす人たちが一つの家族だという点です。

ここには、強制や命令はない。比較も競争もない。多数決や、強い者が権力を握ることもない。ここには権力構造や上下関係がない。

村の運営はみんなで決めます。みんなが「みんなの幸せ」を願っているから対立は起こらない。もしも問題が起これば、過去に同じ問題を経験したことのある者たちが参加して相談します。あとで詳しく述べるMMを基本とします。

住宅は集合住宅、共同住宅がメインで、いつも人たちが家族として暮らします。

いつも適度なコミュニケーションと適度な個人の自由が認められます。

現状の日本の社会しか知らない人には、「あり得ない」「とんでもない」「非現実的な理想郷」と思うかもしれないが、こういう姿は多くの人が求めていて、日本にも現実に存在するし、世界全体では一万五千以上あるといわれています。

そこでは、以上に述べたような生活が現実に実現しています。

そこでの価値観（マインドセット）は次のようなものです。

信頼、安心、絆《きずな》、バランス、平和、自由、豊かさ、自然、納得、やりがい、感謝、尊敬、自主的、自発的、協力、支援、エール、感謝、共同、循環、再生など、現状の消費社会、競争社会では困難なものばかりです。

★ 基本理念は「非対立」

物体が動き始める時や、加速、減速、方向転換をする時、抵抗や逆方向の力がかかる物理学の法則と同じように、新しい考えを伝えようとする時、抵抗があります。それは当然のことだと思います。その抵抗を小さくするにはどうすればいいのでしょう。

できるだけ摩擦面を減らす。摩擦面を滑らかにする。できるだけ流線型や角をまるくする。それが「非対立」です。

対立とは

○「自分が正しい」と主張すること。

○「これ以外にない」と信じ込むこと。

○主義、主張すること。

だから、非対立とは、

○抗議しない、要求しない、戦わない。

○事実を伝え、提言し、気づくチャンスを作る。気づくまで待つ。

○「自分が正しい」「これしかない」と思い込まないこと。

○「本当はどうか」と問い続けること。

★非対立と非暴力はどう違う

「非暴力」は暴力を振るわないこと。

しかし、暴力を振るわなくても、心の中に「対立」や「怒り」があれば、それが態度や言動に表れ、トラブルが起こり、解決が遅くなります。

信念が強ければ争いが起こる。

もっとも強い信念のことを信仰と呼び、宗教戦争はもっとも激しく長い。

しかし戦いでは平和は実現しない。

「非対立」は対立しないこと。

対立の原因は「自分が正しい」「これしかない」という心の中の信念だから、できるだけ、そういう信念を持たないよう注意します。それは戦いを避けるための技術ではなく、本質的に大切なことなのです。

なぜなら、「正しいか正しくないか」は基準によって変わるからです。

物理学でも数学でも過去に正しいとされていた法則や原理さえ変わることがあります。ましてや不自然な社会の常識や、不完全な人間が考え出すことに「絶対」はありません。意見が異なる場合、基準が違っているのです。

原発でさえ、推進する人たちがいるし、戦争でさえ、推進する人たちがいるのだから、基準というものは、どうしようもないのです。

判断基準が異なった時、「美しい未来を子どもたちに」「みんなの幸せのために」

という観点で、根気強く、忍耐強く話し合うことが必要なのです。

★MM（members meeting）

私の気づきの原点は交通事故の長い入院期間の自問自答でした。ふつうの自問自答ではなく、シャドーとの対話でした。シャドーとは自分であり、自分とは別人。つまりニュートラルな自分、囚われのない自分です。だからこそ、シャドーとの対話で、囚われに気づくことができたのです。

あれから30年、私は重要な場面には、シャドーとの対話を続けています。それによって救われた場面は少なくありませんでした。

このシャドーとの対話を、誰にでも使えるように応用したものがMMです。

二人なら、どちらかがシャドーの役割をします。つまりニュートラルな人、囚われのない人として、「どう思う？」「なぜ、そう思う？」「どうすればいいと思う？」と質問をします。

多人数でも同じ。誰かがシャドーの役割をして、「どう思う？」「なぜ、そう思う？」「どうすればいいと思う？」と問うのです。

その繰り返しの中で、みんなの囚われが外れていきます。

ＭＭは、「カウンセリング」「コーチング」と共通しています。押し付けず、いい悪いなどの評価をせず、ただ聞くだけ。

そのことで、どんどんと囚われが外れ、答に近づいていくのです。

ＭＭは、衆知を集める方法としてもっとも有効ですから、『地球村』では、会議も、相談も、事務局の運営など、どんなこともＭＭが基本です。

★答は自分の中に

「どう思う？」「なぜ、そう思う？」「どうすればいいと思う？」という3つの問いを続けるだけで、囚われが外れて答えが見つかります。ということは、答は自分の中にあるということです。ふだんは見つからないのに、ＭＭでは見つかるのはなぜだろう。自分の中に答えがあるのに見つからないのは、なぜだろう。

それは、カバーをしているからだろう。多くの場合、「自分には無理」とか「できない」などの「思いこみ」や「とらわれ」が答を隠しているのです。

ニュートラルな人、囚われのない人の質問によって、そのカバーが外れます。

カバーを外すことを英語でdiscoverという。だからカバーを外すことと、発見は同じ言葉なのです。

★『地球村』は生き方

ネットワーク『地球村』は環境団体、環境活動をする団体だと理解されていますが、私は「生き方」として提唱しているのです。

環境保全や「地球環境を守ろう」という環境活動ではなく、「みんなが幸せな社会」を実現しようという生き方なのです。

では、「なんで環境の話をしているの」と聞かれますが、「現状はこうなんだ」「その原因はこうなんだ」ということがわかれば、「なんとかしなければ」と思うからなのです。現状を知らせる時に、環境が誰にでも関係があり、誰にでもわかりやすく、誰でも現状を確認することができるから。

そして、「みんなが幸せな社会」として、環境問題はもっとも基本だから。

仮に「戦争」や「飢餓貧困」の問題を話しても、「日本は大丈夫」「日本とは関係ない」と思う人が多いから。

でも、環境も戦争も飢餓貧困も根本原因は同じことなのです。

だから私は、どの問題もとても大切だと思います。

ただ、環境問題、平和問題、人道問題に取り組むにも、怒りや憤りをベースとして、活動としてやっているものと、「みんなの幸せ」を願う心や愛をベースとした「生き方」としてやっているものとでは、伝わり方が大きく違います。

「生き方」の方が、はるかに自然で長続きするし、「愛」をベースとしたものは、周りに与える影響力が大きいです。

★自然な変化こそ真の市民革命

怒りや憤りをベースにした活動は、うまくいきません。私が願っているのは、愛や平和をベースとした生き方なのです。

国や社会や企業に対して抗議や要求、戦いをする活動ではなく、自分がそういう生き方、ライフスタイルをすることで、「ああいう生き方があるんだ！　ああいう生き方って素敵だな！」と賛同する仲間が増え、賛同の輪が広がることで、自然と社会が変わっていく。それが私の理想なのです。

『地球村』は、社会を変えようとしているのですが、市民の生き方、ライフスタイルの変化によって自然と変わっていく「平和な市民革命」なのです。

昔、私が学生運動をしていた頃、こんな曲が流行しました。

ある朝、目覚めて窓を開けたら、
人々が抱き合って泣いていた。
戦争が終わったと。平和が訪れたんだと。
みんな喜びの涙を流していた。
道で、人々が喜びの歌を歌っていた。
街角で、人々が喜びの踊りを踊っていた。

なんと素晴らしい風景だろう。
この実現こそ、私の夢なのです。

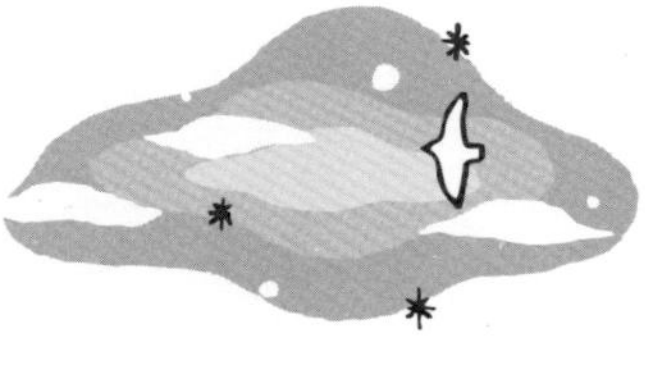

ネットワーク『地球村』

ネットワーク『地球村』は、以上のような『地球村』の実現を願う人たちのネットワークです。私は、講演や書籍を通してこれらの呼びかけを続けてきました。講演会は約一万回ですから、本を読まれた方は百万人以上。実際に賛同されネットワークに参加された方はこれまで十万人。おそらく、同じような思いを持っておられる方は数百万人おられると思いますし、現状を知れば『地球村』の実現を願う人は増えると思います。

★ グリーンコンシューマ

グリーンコンシューマとは、環境を意識して生活をする市民のことです。

グリーンコンシューマは、環境に良いものを買い、環境に良くないものを買わない。グリーンコンシューマが増えれば、環境に良くないものが売れなくなり、環境にいいものが市場に残る。農薬野菜が売れなくなり、有機野菜が市場に残る。電力が自由化されると、原発の電力が売れなくなり、自然エネルギーが市場に残る。事実が知られるようになれば、電力単価の高い太陽光エネルギーは売れなくなり、電力単価の安い小水力や地熱やバイオ発電が普及する。二酸化炭素をたくさん出すガソリン車や、コストの高いエコカーよりも、効率が良くてコストの安いニュートラム（市電）が普及する。

グリーンコンシューマが増えると社会が変わっていくので、グリーンコンシューマの比率は、その国の先進性を表しています。

北欧は90%、ドイツは70%、欧州は50%、日本は10%以下。

50%を越えれば原発はなくなり、都会の自動車社会は公共交通に変わり、「大量生産、大量消費、大量廃棄」の社会は循環社会に変わります。

日本はグリーンコンシューマが増えることが大切なのです。

ネットワーク『地球村』は、グリーンコンシューマを増やす活動でもあるのです。

★公開アンケート

衆議院選挙、参議院選挙など国政選挙の際、「環境問題」「原発問題」など重要な強いテーマについて立候補者に公開アンケートを出し、その回答を公表することで市民に情報提供するものです。新聞でも大きく取り上げられて非常にインパクトのある活動でした。

★ 国民投票、市民投票

先進国の多くは、国のトップ（大統領、首相）を国民が直接選挙で選びます。また国の重要課題については、国民投票で決めます。しかし、日本には現在、この二つの国民投票がありません。このことにより、国民不在で重要課題が決められるという現状は、民主主義国家として大きな問題があります。

ネットワーク『地球村』は、国内問題はこのことが最大の問題だと考え、原発や安保問題、基地問題など重要課題の国民投票に取り組んでいます。

★ 海外支援

2001年アメリカがアフガニスタンを一方的に攻撃した「アフガン紛争」。

国連決議を無視したアメリカの理不尽な攻撃に怒りと憤りを抑えきれず、『地球村』として初めて海外支援を始めました。戦乱の続く首都カブールに、『地球村』事務局スタッフ３人を派遣、現地で活動していた日本のＮＧＯ　ＡＷＯＡ（アジア戦災孤児救済センター）、現地ＮＧＯのＯＭＡＬの協力と指導を仰ぎながら、学校建設、物資支援、井戸掘り、地雷撤去などを敢行しました。３年にわたった現地活動は、その後の海外支援に大きく役立ちました。

現在は、大規模な災害には、国連や国際ＮＧＯと共同活動または財政支援という形で続けています。

主な協力団体は、国連のＵＮＨＣＲ、ＵＮＩＣＥＦ、ＷＦＰ（国連世界食糧計画）など、国内の団体ではＡＭＤＡなどです。

★人道支援

東日本大震災への支援、飢餓貧困の救済や、貧しい国の子どもたちを守る活動に取り組んでいます。

特に東南アジアの児童の人身売買問題、アフリカの少年兵問題はあまりに痛ましく、最も力を入れています。

主な協力団体は、カンボジアのFriends-International、AFESIP、インドのRescue Foundation、日本のテラ・ルネッサンス、かものはしプロジェクト、セーブ・ザ・チルドレン・ジャパンなど。

★平和のメッセージ

日本政府の自衛隊海外派遣に際し、全国の地域『地球村』が協力して、地方議会に、「海外への自衛隊派遣は違憲であり、派遣の中止を国会に要請する」ことを請願し、全国700の地方議会がこれに協力しました。

また、2002年のヨハネスブルグ地球サミットの際、全国の主な自治体の首長から「世界平和を願うメッセージ」を募り、全国首長700名の「平和のメッセージ」を国連事務総長（当時アナン氏）に届けました。

★『地球市民国連』

現状の国連は、大国の政府によって支配されているために、真の世界平和の実現が困難です。それを改善、解決する方法として、「世界市民による国連を作ろう」という願いを込めて、『地球村』は2002年のヨハネスブルグ・サミットで『地球市民国連』を提案しました。

これは、世界の重要な問題を、世界市民がインターネット上で議論し相談し、協力することで決めていくものです。現状の政府による国連は、政治的な思惑や、大国の政府の利害によって、公正な判断ができませんでしたが、世界中の市民の声を集約すると、従来の矛盾が解決できる可能性が大きくなります。

例えば、戦争をする国、非人道的な国、環境破壊を続ける国に対して、世界中の市民が抗議や反対の意志表示をし、従わない場合には、自国政府に働きかけて

経済制裁を行ったり、世界中の市民がその国のものを買わない、その国へ行かないなどの行動を取るものです。

世界の何億、何十億という市民の反対の声に呼応して、その国の国民も反対の声を上げるだろう。いかに愚かな政府でも、世界中の市民、世界中の政府、そして自国の国民の大きな反対の声に逆らえるだろうか。

各国の武力も、将来的には市民国連が統治するというイメージだが、管理の能力、管理の技術については十分な議論が必要だろう。

この提案に対して、当時、世界の500以上のNGOから賛同のサインがありました。

その後、インターネットの急速な普及によって、それに近い形がツイッターやFacebookなどの形で実現に近づいています。

★ソ連の崩壊

1991年、ソ連は突然崩壊しました。あの大事件のかげには、名もなき英雄たちの知られざる行動があったのです。当時、民主化を主導していたゴルバチョフ大統領に対して、それに反対する保守派がクーデターを起こしました。モスクワに進軍した戦車隊は何万人というモスクワ市民に取り囲まれて立ち往生。戦車隊の若い隊長は市民の声に耳を傾けたあと、部下に「私は市民の側につく。君たちは自由だ。自分で判断しなさい」と告げ、戦車隊は方向転換して撤退しました！

市民から大歓声が上がりました！

当時、私はこのシーンをテレビで見ていて感動しました！

またこの時、臨時政府代表の「国家に反逆する者たちを制圧した」という発表に対して、若い女性記者が「国家に反逆しているのはあなた方だ」と激しく抗議しました。1人のジャーナリストが命がけで一部始終を報道しました。名もなき英雄たちが歴史的な大事件に大きな役割を果たしたのです。彼らは当時を振り返って、「あの時は夢中だった。しかしこの20年一度も忘れることはなかった。一度も後悔したこともなかった」と語りました。

★ベルリンの壁の崩壊

民主化の波が大きくなっていた1989年11月9日、東ドイツ政府は「旅行許可証の規制緩和」を行ったが、その政令案は、なぜか十分な審議なしに国会を通過した。その発表では、なぜか「ベルリンの壁を除く」という部分が「ベルリンの壁を含める」と誤読されました。「いつからか」という記者の質問にも、「いますぐだ」と回答したが、これらはすべて間違いでした。

しかしなぜか、それがそのままニュースとして世界に流れたのです。

歓喜する東西ドイツの市民が「ベルリンの壁」に集まってきました。なにも知らない国境警備隊は、何万人ものベルリン市民に囲まれて、開門せざるを得なかったのです。

合流した東西の市民は歓喜し抱き合い、いつのまにか、ハンマー、つるはしを持った市民がベルリンの壁を壊し始めました。この感動的なシーンは全世界に報道され、世界中の人たちが歓喜しました。

★世界を変える主役は市民

2010年代から中東諸国の独裁政権が次々と倒された「中東の春」の主役も市民でした。その大きな原動力はFacebookだったと言われています。

20年前、30年前、勇気あるジャーナリストが命がけで流した情報が市民を動かしましたが、いまでは無数の市民が携帯やスマートフォンで流す情報や画像が世界を動かすのです。

★ 虹の天使

人々はやがて大地から掘ってはいけないものを掘り出して
ひょうたんに詰めて空からばらまく。
その時、千の太陽が輝いて世界は終わる。
これは、核戦争を警告しているとして有名な「ホピ族の予言」です。
この予言には、続きがあります。
世界がまさに終わらんとするその時に、
虹の戦士が世界各地に現れて、
誰の命令でもなく、自分の意志で、
世界平和のために戦う

私は『地球村』の理念に照らして、この予言の中の「戦士」「戦う」などの部分を、次のように改めました。
世界がまさに終わらんとするその時に、
虹の天使が世界各地に現れて、
誰の命令でもなく、自分の意志で、
世界平和のために全力を尽くす

いままさに、世界は滅びようとしているのではないでしょうか。

だからこそ、いま、『虹の天使』を増やし、『虹の天使』が行動を始めなければならないと思います。現状を知れば、誰でも「なんとかしよう!」と思うはずです。

★ワークショップ

こうした動きの核となる人たち、『虹の天使』を増やしたい。
そんな思いで始めたのが、ワークショップです。

1泊2日で、世界の現状や世界の危機を知り、その根本を知り、どうすればいいかを知ることを目的としています。

年5～10回の開催、これまで約100回、参加者は延べ数千名ですが、そのほとんどの方には大きな変化があり、各分野で活躍されています。

ワークショップの目的は、一つは「世界を変えていくリーダー」の育成、もう一つは「幸せを広げていく人」になること。その二つは表裏一体のものです。

✸地域『地球村』

『地球村』に賛同する仲間が全国にたくさんいます。

会員の皆さんが地域で集まって活動をされているケースが多く、名称は様々ですが、総称して地域『地球村』という場合があります。

地域『地球村』は、ネットワーク『地球村』と同じように「事実を知らせる」、「できることをやる」、「つながる」、「平和的に世の中を変えていく」という活動は共通しています。賛同される方は、どうぞ、お近くの地域『地球村』にご参加ください。わからない場合は、事務局にお問い合わせください。

行動しよう

この本を読んで、「もっと知りたい」「なんとかしたい」と思われる方には、私たちと一緒に世の中を変えていきましょう。

★まずは事実を知ること

いろんな方法がありますが、よかったら私の本を読んでみてください。

・『地球村』出版　http://www.chikyumura.org/about/publication/

もっと詳しく知りたいと思われたなら、私の講演をお聴きください。

・講演会スケジュール　http://www.chikyumura.org/lecture/schedule/

近くで講演会がない場合は、講演のＤＶＤをごらんください。

・通販サイト　http://www.chikyumura.or.jp/shopbrand/007/X/

★『地球村』の仲間に

「もっと知りたい、仲間がほしい、一緒に何か始めたい」と思われたなら、『地球村』の会員にぜひ登録してください。

『地球村』の会員には、個人会員と法人会員があります。

まずは個人会員にどうぞ。毎月、会報や情報をお送りします。

・『地球村』会員　http://www.chikyumura.org/membership/

会社として取り組まれる場合は企業会員にどうぞ。毎月、情報をお送りします。

・『地球村』企業会員　http://www.chikyumura.org/partner/

仲間とつながりたい、交流したいと思われる方は特別会員にどうぞ。

・『地球村』特別会員

http://www.chikyumura.org/membership/smember.html

特別会員は、メーリングリスト（ＭＬ）で全国の仲間とつながり、毎日さまざまな情報交換ができ、知りたいことを呼び掛ければ、必ず誰かが情報を返してくれます。活動の情報や協力、エールも交換できて、とても心強いです。

★共に行動しよう

君に、あなたに、この詩を捧げます。

青　春

サミエル・ウルマン
〜『地球村』訳〜

青春とは人生の一時期のことではなく、心の持ち様なのだ。
バラ色の頬、紅の唇、しなやかな身体のことではなく、
強き意志、豊かな想像力、熱き情熱であり、果敢な勇気と冒険心なのだ。
60歳の者が20歳の若者より、青春を謳歌している場合もある。

年を重ねるだけでは人は老いない。
人が老いるのは、情熱を手放した時なのだ。

歳月は皮膚にシワを刻むが、情熱の喪失は心を枯らす。
不安や恐怖、失望が心をさいなみ、精神を弱くしてしまう。

年齢に関わらず、人の心には、未知への憧れや飽くなき探求心、
人生への歓喜が住んでいる。
人の心の中にはアンテナがあり、
愛と勇気、希望を受信している限り、人は老いることはない。

アンテナが故障し、それらを受信できなくなった時、
若者であろうと、人は老人と化すだろう。
アンテナを高く伸ばし、希望の電波を受信する限り、
人は幾つになろうとも、青春のまま人生を全うする事ができるのだ。

あとがき

読んでいただいてありがとうございます。
これはとても小さな冊子ですが、私の全人生が詰まっています。
私は、子どもの頃から、
僕は、人は、何のために生まれてきたんだろう。
どう生きていけばいいんだろう。
それがわからないまま生きるのはつらい。
それがわかったなら死んでもいい。

33歳の時の交通事故で、その答が見つかりました。
人はみな、幸せのために生まれてきた！
みんなの幸せこそ本当の幸せ！
みんなの幸せの実現こそ生きる目的！

私は、このことに自分の一生をかけるんだ！

決意をして以来、ずっと走り続けてきました。
そしていま、人生の最終章を書いたような気がしています。
肩の荷を半分下ろしたような気がしていますが、
その半分を、あなたに担いでもらいたいのです。
人生は、いのちのバトンを次の世代に手渡すリレーです。
私のバトンを受け取ってもらえないでしょうか。

『地球村』とは

・みんなが幸せな社会、環境調和社会、エコビレッジ

基本理念は「非対立」

・抗議しない、要求しない、戦わない
・事実を伝え、解決方法を提案する、実践する

『地球村』の活動

・事実を知らせること
・何をすればいいか知らせること
・ネットワークを広げること
・講演、書籍、インターネットなど

支援活動

・途上国支援、人道支援、熱帯林保全（アフリカ、東南アジア、アマゾン）
・大規模な災害支援（東日本大震災、スマトラなど）

ご協力

・募金やボランティアを募集しています

アフガニスタン人道支援

・詳細はインターネットでご覧ください

仲間になってください

・『地球村』ホームページ http://www.chikyumura.org/
〒530－0027 大阪市北区堂山町1－5－301 『地球村』事務局
TEL 06－6311－0309 FAX 06－6311－0321
メール office@chikyumura.org

書籍一覧

『世界でいちばん幸せな国 ブータン』『大震災と原発事故の真相』『ありがとう』『だいじょうぶ』『いのち』『地球の詩が聴こえますか』『幸せな生き方』『コーチング・ワークショップ』『選択可能な未来』『オーケストラ指揮法』『生きる意味』『非対立の生きかた』『本当の自分』など

DVD一覧

『わかりやすい脱原発の話』『よりよく生きるために』『コミュニケーション』『これからの環境と日本』『非対立の生きかた』『選択可能な未来』『できる魔法、できない魔法』『永続可能な社会』『水の惑星エコスフィア』『もったいない』『引き寄せの法則』

高木 善之（たかぎよしゆき）

ＮＰＯ法人ネットワーク『地球村』代表
1947 年　大阪生まれ
大阪大学物理学科卒業、パナソニック在職中はフロン全廃、割り箸撤廃、環境憲章策定、森林保全など環境行政を推進。ピアノ、声楽、合唱指揮など音楽分野でも活躍。
1991 年　環境と平和の国際団体『地球村』を設立。リオ地球サミット、欧州環境会議、沖縄サミット、ヨハネスブルグ環境サミットなどに参加。
著書は、『幸せな生き方』『地球村紀行世界でいちばん幸せな国ブータン』『大震災と原発事故の真相』『ありがとう』『だいじょうぶ』『いのち』『コーチング・ワークショップ』『選択可能な未来』『オーケストラ指揮法』『生きる意味』『非対立の生きかた』『本当の自分』『絵本シリーズ』など多数。

『地球村』とは　もう一つの未来
２０１２年 ３月２１日　初版第１刷発行
著　者　高木善之
発行人　高木善之
発行所　NPO 法人ネットワーク『地球村』
〒 530-0027
大阪市北区堂山町 1-5　大阪合同ビル 301
TEL 06-6311-0326　FAX 06-6311-0321
印刷·製本　株式会社リーブル
とびら絵　さいとー　栄

ISBN 978-4-902306-32-3　C 0095

郵便はがき

恐れ入りますが 切手を貼って お出し下さい

5 3 0 0 0 2 7

大阪市北区堂山町1-5
大阪合同ビル301

NPO法人
ネットワーク『地球村』
出版部 行

ふりがな お名前		男・女	年齢 歳

●書籍名（　　　　　　　　　　　　　　　　　）

●本書を何でお知りになりましたか
（　　　　　　　　　　　　　　　　　　　　　）

●ご感想、メッセージをご記入ください。

●環境や平和を願う人が増えることで社会は変わります。
あなたも『地球村』の仲間になりませんか？
□ 資料がほしい

ご記入ありがとうございました。

注文票 ●郵送またはFAXでご送付ください

ふりがな	
お名前	
ご住所	〒 都道 府県
● TEL	● FAX
● E-mail（	@ ）

商品名	数量	価　格　（全て税込）
●『地球村』とは	冊	『地球村』のことをわかりやすくまとめた一冊。 500円
●幸せな生き方	冊	大切なものを見失いそうになったとき、この本を読んでください。 800円
●ありがとう	冊	心温まる、やさしさと気づきの小冊子です。 250円
● 地球村紀行 世界でいちばん幸せな国ブータン	冊	永続可能な社会、本当の幸せについて味わえる本です。 250円
●大震災と原発事故の真相	冊	知られざる真実をふまえ、何ができるかを考えます。 250円
●コーチング・ワークショップ	冊	あらゆる人間関係に役立つ"誌上ワークショップ"を味わえます。 1575円
●選択可能な未来	冊	「生き方」、「環境問題」の 総集編！ 1575円
●非対立の生きかた	冊	一瞬でしあわせをつかむ成功法則がここにあります。 1470円

支払方法　1～3のいずれかに○をおつけください。

1. 郵便振込（前払い）　2. 銀行振込（前払い）　3. 代引（手数料350円＋送料）

○お買い上げ額1,000円まで→送料300円、1,001～9,999円→500円
10,000円以上→送料無料です。合計額と振込先を折り返しご案内いたします。

●お申込先：ネットワーク『地球村』出版部
TEL:06-6311-0326　FAX:06-6311-0321
http://www.chikyumura.or.jp